U0181878

上海市工程建设规范

预拌混凝土生产技术标准

Technical standard for ready-mixed concrete

DG/TJ 08—227—2020
J 11462—2021

主编单位：上海市建筑科学研究院有限公司
         上海市建设工程安全质量监督总站
         上海市混凝土行业协会
批准部门：上海市住房和城乡建设管理委员会
施行日期：2021 年 9 月 1 日

同济大学出版社

2021   上海

图书在版编目（CIP）数据

预拌混凝土生产技术标准／上海市建筑科学研究院
有限公司，上海市建设工程安全质量监督总站，上海市混
凝土行业协会主编. —上海：同济大学出版社，2021.9
ISBN 978-7-5608-9897-1

Ⅰ.①预… Ⅱ.①上… ②上… ③上… Ⅲ.①预搅拌
混凝土—生产工艺—技术标准—上海 Ⅳ.
①TU528.52-65

中国版本图书馆 CIP 数据核字（2021）第 184491 号

预拌混凝土生产技术标准

上海市建筑科学研究院有限公司
上海市建设工程安全质量监督总站　**主编**
上海市混凝土行业协会

策划编辑　张平官
责任编辑　朱　勇
责任校对　徐春莲
封面设计　陈益平

出版发行　同济大学出版社　　www.tongjipress.com.cn
　　　　　（地址：上海市四平路 1239 号　邮编：200092　电话:021-65985622）
经　　销　全国各地新华书店
印　　刷　浦江求真印务有限公司
开　　本　889mm×1194mm　1/32
印　　张　1.875
字　　数　50 000
版　　次　2021 年 9 月第 1 版　　2021 年 9 月第 1 次印刷
书　　号　ISBN 978-7-5608-9897-1
定　　价　20.00 元

本书若有印装质量问题,请向本社发行部调换　　版权所有　侵权必究

上海市住房和城乡建设管理委员会文件

沪建标定〔2021〕298 号

上海市住房和城乡建设管理委员会
关于批准《预拌混凝土生产技术标准》
为上海市工程建设规范的通知

各有关单位：

由上海市建筑科学研究院有限公司、上海市建设工程安全质量监督总站、上海市混凝土行业协会主编的《预拌混凝土生产技术标准》，经我委审核，现批准为上海市工程建设规范，统一编号为 DG/TJ 08—227—2020，自 2021 年 9 月 1 日起实施。原《预拌混凝土生产技术规程》(DG/TJ 08—227—2014)同时废止。

本规范由上海市住房和城乡建设管理委员会负责管理，市建筑科学研究院有限公司负责解释。

特此通知。

上海市住房和城乡建设管理委员会
二〇二一年五月十三日

前　言

根据上海市住房和城乡建设管理委员会《关于印发〈2019 年上海市工程建设规范、建筑标准设计编制计划〉的通知》（沪建标定〔2018〕753 号）要求，本标准编制组经广泛调查研究，认真总结实践经验，参考有关国际标准，并在广泛征求意见的基础上，修订本标准。

本标准的主要内容包括：总则；术语；基本规定；原材料控制；配合比设计；生产过程控制；预拌混凝土质量检验。

本次修订，主要的技术变化如下：

1. 删除了混合水和不溶物的术语，增加了生产回收水、高性能混凝土和再生骨料混凝土的术语；

2. 增加了预拌混凝土绿色生产的基本规定；

3. 修改了预拌混凝土细骨料的选用要求；

4. 增加了预拌混凝土用细骨料氯离子含量技术要求和检验要求；

5. 增加了预拌混凝土拌合物中水溶性氯离子最大含量技术要求和检验及检验频次要求；

6. 将原第 8 章"有特殊要求混凝土的质量控制"的相关内容合并至第 5 章"配合比设计"；

7. 删除原第 9 章"环境保护、安全生产与人员健康"。

各单位及相关人员在执行本标准过程中，如有意见和建议，请反馈至上海市住房和城乡建设管理委员会（地址：上海市大沽路 100 号；邮编：200003；E-mail：shjsbzgl@163.com），上海市建筑科学研究院有限公司《预拌混凝土生产技术标准》编委办公室（地址：上海市宛平南路 75 号；邮编：200032；E-mail：13817835727@163.com），上海市建筑建材业市场管理总站(地址:上海市小木桥路 683 号;邮编:200032;E-mail:shgcbz@163.com),以供今后修订时参考。

主 编 单 位: 上海市建筑科学研究院有限公司
上海市建设工程安全质量监督总站
上海市混凝土行业协会

参 编 单 位: 上海建工建材科技集团股份有限公司
上海市崇明区建筑建材业管理所
上海市嘉定区建设工程招投标事务中心
上海市浦东新区建设工程安全质量监督站
上海市青浦区建筑建材业管理所
上海申昆混凝土集团有限公司
上海齐信混凝土制品有限公司
上海富盛浙工建材有限公司
上海城建物资有限公司

主要起草人: 韩建军　於林锋　张健民　王　琼　吴晓宇
孙丹丹　钟伟荣　朱志华　陈卫伟　何　易
李庆兰　王荣荣　付青浦　付　雷　黄丽华
刘顺洋　杨　勇　靳海燕　王　量　孙建平
余晓红　王　雄　高惕非　黄海生　朱敏涛
肖建庄　李　洋　李欢欢　樊俊江　沈贵阳
覃　爽　史若昕　秦　伟

主要审查人: 施惠生　吴德龙　朱建华　刘卫东　鞠丽艳
朱　婕　印　慧

上海市建筑建材业市场管理总站

目　次

Contents

1 总 则

1.0.1　为促进本市预拌混凝土的应用,保证工程质量,做到技术先进、安全可靠、经济合理,制定本标准。

1.0.2　本标准适用于本市预拌混凝土的原材料控制、配合比设计、生产过程控制和预拌混凝土质量检验。

1.0.3　预拌混凝土的生产除应执行本标准外,尚应符合国家、行业和本市现行有关标准的规定。

2 术 语

2.0.1 预拌混凝土 ready-mixed concrete

在搅拌站生产、通过运输设备送至使用地点、交货时为拌合物的混凝土。

2.0.2 生产废水 industrial waste water

在清洗混凝土生产设备、运输设备和生产厂区地面时所产生,含有胶凝材料、外加剂和砂等组分的废水。

2.0.3 生产回收水 production recycled water

生产废水经适当处理工艺处置后可用于混凝土拌合用的水。

2.0.4 混合砂 mixed sand

由不同品种或规格的砂按一定比例组合而成的砂。

2.0.5 自密实混凝土 self-compacting concrete

具有高流动性、均匀性和稳定性,浇筑时无须外力振捣,能够在自重作用下流动并充满模板空间的混凝土。

2.0.6 大体积混凝土 mass concrete

混凝土结构物实体最小尺寸不小于 1 m 的大体量混凝土,或预计会因混凝土中胶凝材料水化引起的温度变化和收缩而导致有害裂缝产生的混凝土。

2.0.7 高强混凝土 high-strength concrete

强度等级不低于 C60 的混凝土。

2.0.8 高性能混凝土 high performance concrete

以建设工程设计、施工和使用对混凝土性能特定要求为总体目标,选用优质常规原材料,合理掺加外加剂和矿物掺合料,采用较低水胶比并优化配合比,通过预拌和绿色生产方式以及严格的施工措施,制成具有优异的拌合物性能、力学性能、耐久性能和长期性能的混凝土。

2.0.9 再生骨料混凝土　recycled aggregate concrete

由再生骨料配制而成的混凝土。

3 基本规定

3.0.1 预拌混凝土生产企业(以下简称企业)应加强质量管理,完善质量保证体系,对产品质量负责。

3.0.2 预拌混凝土生产所用原材料的品种、规格、质量指标及其检验方法,产品的品种、规格、质量指标及其检验方法、操作工艺应符合本标准和有关标准的规定。

3.0.3 企业的储料区、主机搅拌楼、物料输送系统等主要生产区域实现全封闭,配置主动式收尘、降尘设备,并采用信息化集成管理系统进行运营管理。

3.0.4 预拌混凝土生产应遵循节约资源、提高能效、保护环境的原则,企业应按照现行行业标准《预拌混凝土绿色生产及管理技术规程》JGJ/T 328 的规定进行绿色生产。

4 原材料控制

4.1 一般规定

4.1.1 原材料质量必须符合有关标准规定,并应经检测合格后方可使用。

4.1.2 原材料入场或入库后,应及时登录原材料管理台账。

4.1.3 原材料应具有质量证明书,首次使用的原材料应具有型式检验报告。

4.1.4 预拌混凝土严禁使用特细砂和未经淡化处理的海砂。

4.2 水 泥

4.2.1 预拌混凝土用水泥应符合现行国家标准《通用硅酸盐水泥》GB 175 的规定。当采用其他品种水泥时,其质量应符合相应标准的规定。

4.2.2 应根据设计、施工的要求及所处环境,选用适当强度等级的水泥。

4.2.3 水泥应根据不同生产企业、不同品种和强度等级按批分别存储在专用的仓罐内,防止受潮和被环境污染,并做好标识。

4.2.4 同一生产厂家、同一品种、同一强度等级、同一批号且连续进场、生产间隔不超过 10 d 的水泥为一验收批,每批总量不宜超过 500 t。

4.2.5 水泥应按批检验其强度、安定性、标准稠度用水量和凝结时间,需要时还应检验其他必要的性能指标。

4.3 细骨料

4.3.1 预拌混凝土用细骨料应符合现行国家标准《建设用砂》GB/T 14684 和现行行业标准《普通混凝土用砂、石质量及检验方法标准》JGJ 52 的规定。

4.3.2 细骨料的选用应符合下列规定：

1 细骨料宜采用中砂。

2 采用混合砂时，应按规定的品种、规格和比例混合，混合后应符合中砂的标准规定。

3 当采用海砂时，应作净化处理并满足现行行业标准《海砂混凝土应用技术规范》JGJ 206 的规定。

4.3.3 预拌混凝土用细骨料的氯离子含量应符合下列规定：

1 一般工程预拌混凝土用细骨料的氯离子含量不应大于0.02%。

2 预应力混凝土结构、钢纤维混凝土结构、装配整体式混凝土结构、设计使用年限 100 年或以上的混凝土结构和其他有特殊要求的钢筋混凝土结构用细骨料的氯离子含量不应大于 0.01%。

3 预拌混凝土用细骨料氯离子含量应按照现行行业标准《普通混凝土用砂、石质量及检验方法标准》JGJ 52 中规定的方法进行检验。

4.3.4 细骨料的检验批次应按下列规定执行：

1 按同厂家（产地）、同品种、同规格分批验收。

2 细骨料以 1 000 t 为一验收批，不足 1 000 t 时，应按一验收批进行验收；当细骨料的质量稳定、进料量较大时，同厂家（产地）、同品种、同规格的可每周检验不少于 2 次。当进料过程中出现异常时，应增加取样检测频次。

4.3.5 细骨料的质量应按下列规定进行检验：

1 天然砂每验收批均应进行氯离子含量、贝壳含量、颗粒级配、含泥量和泥块含量检验。

2 人工砂每验收批应至少进行颗粒级配、含泥量、泥块含量和石粉含量检验。

3 当不同品种的砂混合使用时,应按本条第 1 款或第 2 款分别进行检验,混合后每验收批还应至少按混合比例进行颗粒级配检验。

4 对于长期处于潮湿环境的重要结构混凝土或设计上明确提出耐久性要求的混凝土,其使用的同一产地的细骨料应进行碱活性检验不少于 1 次。

5 细骨料必要时还应检验其他质量指标。

4.3.6 细骨料应按不同的品种、规格分别堆放,不得混堆,并应作好标识。在其运输、装卸及堆放过程中,应采取措施,防止颗粒离析、混入杂质。

4.4 粗骨料

4.4.1 预拌混凝土用粗骨料应符合现行行业标准《普通混凝土用砂、石质量及检验方法标准》JGJ 52 的规定。

4.4.2 再生粗骨料应符合现行上海市地方标准《再生骨料混凝土技术要求》DB31/T 1128 的规定。

4.4.3 粗骨料的检验批次按下列规定执行:

1 按同厂家(产地)、同品种、同规格分批验收。

2 再生粗骨料以 600 t 为一验收批,其他粗骨料以 1 000 t 为一验收批,不足上述量时,应按一验收批进行验收;当粗骨料的质量稳定、进料量较大时,同厂家(产地)、同品种、同规格的可每周检验不少于 2 次。当进料过程中出现异常时,应增加取样检测频次。

4.4.4 粗骨料的质量应按下列规定进行检验:

1 粗骨料每验收批至少应进行颗粒级配、含泥量、泥块含量和针片状颗粒含量检验。

 2 再生粗骨料每个检验批应进行颗粒级配、微粉含量、泥块含量、杂物含量和压碎指标的检验,吸水率、表观密度按 1 次/月的频率检验。

 3 对于长期处于潮湿环境的重要结构混凝土或设计上明确提出耐久性要求的混凝土,其使用的同一产地的粗骨料应进行碱活性检验不少于 1 次。

4.4.5 粗骨料应按不同的品种、规格分别堆放,不得混堆,并应作好标识。在运输、装卸及堆放过程中,应采取措施,防止颗粒离析、混入杂质。

4.5 水

4.5.1 预拌混凝土用水应符合现行行业标准《混凝土用水标准》JGJ 63 的规定。

4.5.2 生产回收水不宜单独用于预拌混凝土的生产。生产回收水和其他水混合用于混凝土生产时,其掺量和质量应符合现行上海市工程建设规范《混凝土生产回收水应用技术规程》DG/TJ 08—2181 的规定。

4.5.3 预拌混凝土用水的取样、检验期限、频率和技术指标应符合现行行业标准《混凝土用水标准》JGJ 63 的规定。生产回收水尚应检验湿泥粉含量,检验频率不应少于 2 次/d。

4.6 外加剂

4.6.1 预拌混凝土用外加剂应符合现行国家标准《混凝土外加剂》GB 8076 的规定。

4.6.2 有特殊要求的混凝土用外加剂应符合下列规定:

 1 高强混凝土和自密实混凝土用外加剂应选用高效减水剂

或高性能减水剂。

2 大体积混凝土用外加剂应选用缓凝型减水剂。

4.6.3 外加剂应以同一厂家、同一品种的一次供应不超过 10 t 为一验收批;不足 10 t 时,应按一验收批进行验收。

4.6.4 外加剂应按现行国家标准《混凝土外加剂应用技术规范》GB 50119 的规定进行检验。

4.6.5 生产日期超过 3 个月的外加剂,应重新采集试样进行复验,并应按复验结果使用。

4.6.6 外加剂应按不同生产厂家、品种分别存储在专用的储罐或仓库内,并应作好标识。在运输和存储时,不得混入杂质。

4.7 掺合料

4.7.1 预拌混凝土用掺合料应符合下列规定:

1 预拌混凝土用粉煤灰应符合现行国家标准《用于水泥和混凝土中的粉煤灰》GB/T 1596 的规定。

2 预拌混凝土用矿渣粉应符合现行国家标准《用于水泥、砂浆和混凝土中的粒化高炉矿渣粉》GB/T 18046 的规定。高强混凝土用矿渣粉应选用 S95 级及以上矿渣粉。

3 其他品种矿物掺合料应符合相应的国家标准或行业标准,企业应通过试验验证,确认符合混凝土质量要求时,方可使用。

4.7.2 同一生产厂家、同一品种、同一等级、连续进场且不超过 10 d 的掺合料为一验收批,但一批的总量不得超过 200 t。不足 200 t 时,应按一验收批进行验收。

4.7.3 掺合料应按下列规定进行检验:

1 粉煤灰每验收批应测定细度、需水量比、含水量和雷氏法安定性(F 类粉煤灰宜每季度测定 1 次);每季度应测定烧失量不少于 1 次;每半年应测定三氧化硫和游离氧化钙含量不少于 1 次。

2 矿渣粉每验收批至少应进行活性指数和流动度比检验。

3 其他品种的矿物掺合料,应按相应的产品标准规定进行检验。

4.7.4 掺合料应根据不同的品种、规格及等级按批分别存储在专用的仓罐内,防止受潮和被环境污染,并应作好标识。

5 配合比设计

5.0.1 预拌混凝土配合比设计应符合现行国家标准《混凝土强度检验评定标准》GB/T 50107、《混凝土结构工程施工质量验收规范》GB 50204、《混凝土结构耐久性设计标准》GB/T 50476 和现行行业标准《普通混凝土配合比设计规程》JGJ 55 的规定,应经过设计计算和试配调整,确定符合设计和施工要求的混凝土配合比。

5.0.2 预拌混凝土的最大水胶比和最小胶凝材料用量应符合表 5.0.2 的规定。

表 5.0.2　混凝土的最大水胶比和最小胶凝材料用量

最大水胶比	最小胶凝材料用量(kg/m³)		
	素混凝土	钢筋混凝土	预应力混凝土
0.60	250	280	300
0.55	280	300	300
0.50	320		
≤0.45	330		

注:本表中的规定适用于 C15 以上强度等级的混凝土配合比设计。

5.0.3 不同环境类别下预拌混凝土中的矿物掺合料掺量范围应按表 5.0.3 的规定进行选取。

5.0.4 高性能混凝土的配合比设计应符合现行上海市工程建设规范《高性能混凝土应用技术标准》DG/TJ 08—2276 的规定。

5.0.5 高强混凝土的配合比设计应符合现行行业标准《高强混凝土应用技术规程》JGJ/T 281 的规定。

表 5.0.3　不同环境类别下预拌混凝土中矿物掺合料掺量范围(%)

环境类别	矿物掺合料类型	水胶比	
		≤0.40	>0.40
一般环境	粉煤灰	≤40	≤30
	矿渣粉	≤50	≤40
	复合掺合料	≤50	≤40
氯化物环境	粉煤灰	20～50	20～40
	矿渣粉	40～70	30～60
	复合掺合料	40～70	30～60
化学腐蚀环境	粉煤灰	25～45	20～40
	矿渣粉	30～60	30～50
	复合掺合料	30～60	30～50

注:1. 表中所确定的掺量上限适用于采用硅酸盐水泥;当采用普通硅酸盐水泥时,
掺合料的掺量上限应降低 5%～10%。
2. 当矿渣粉为 S105 级或 S115 级时,掺量可取范围上限值;对于 S95 级矿渣
粉,掺量上限应降低 5%～10%。
3. 复合掺合料中各组分占胶凝材料的比例不宜超过表中规定的该掺合料单掺
时的最大掺量。
4. 当两种或两种以上掺合料复合使用时,矿物掺合料的总掺量应符合表中复
合掺合料的规定,且复合后硅灰占胶凝材料的比例不宜高于 10%。

5.0.6　自密实混凝土的配合比设计应符合现行行业标准《自密实混凝土应用技术规程》JGJ/T 283 的规定。

5.0.7　大体积混凝土的配合比设计应符合下列规定:

　1　水胶比应小于 0.60,胶凝材料的总量应不小于 280 kg/m³。

　2　应采用矿渣粉与粉煤灰掺合材料复掺的技术。

　3　在保证混凝土强度、耐久性及坍落度要求的前提下,应提高骨料的使用量。

　4　配合比设计时,应进行水化热的验算或测定。

5.0.8　再生骨料混凝土的配合比设计应符合现行上海市地方标准《再生骨料混凝土技术要求》DB31/T 1128 的规定。

5.0.9　配合比设计时,应根据所用原材料的性能及对混凝土的技

术要求进行计算,确定各种原材料的应用。

5.0.10 水泥、掺合料、外加剂、骨料及水的选用除应符合相应标准规定外,还应根据混凝土的性能要求、施工工艺及气候条件,结合混凝土的原材料性能、配合比以及水泥的适应性等因素,通过试验确定其品种和掺量。

5.0.11 应根据混凝土配合比计算的结果进行试配,并确定混凝土生产配合比。当对混凝土有其他技术性能要求时,应在计算和试配过程中予以考虑,并进行相应项目的试验。

5.0.12 遇有下列情况时应提高混凝土配制强度:

1 现场条件与试验室条件有显著差异时。

2 采用非统计方法评定时。

3 当设计或合同有要求时。

4 混凝土用于水下工程时。

5.0.13 当出现下列情况时,应重新进行配合比设计:

1 对混凝土性能有特殊要求时。

2 水泥、外加剂或矿物掺合料等原材料品种、质量有显著变化时。

5.0.14 当原材料发生变化或配合比 1 年以上未使用时,混凝土配合比应进行验证;当验证结果满足设计要求时,方可采用。

5.0.15 混凝土生产时,应严格控制其氯离子含量。混凝土拌合物中水溶性氯离子最大含量(用单位体积混凝土中氯离子与水泥的质量比表示)应符合表 5.0.15 的规定。

表 5.0.15　混凝土拌合物中水溶性氯离子最大含量

环境条件	水溶性氯离子最大含量(%)		
	钢筋混凝土	预应力混凝土	素混凝土
干燥条件	0.30		
潮湿但不含氯离子的环境	0.20	0.06	1.00
潮湿且含有氯离子的环境	0.10		
化学腐蚀环境	0.06		

5.0.16 自密实混凝土除应满足普通混凝土拌合物对凝结时间、黏聚性和保水性等的要求外,还应满足表 5.0.16 的自密实性能要求。不同性能等级自密实混凝土的应用范围及性能试验方法按照现行行业标准《自密实混凝土应用技术规程》JGJ/T 283 执行。

表 5.0.16 自密实混凝土拌合物的自密实性能及要求

自密实性能	性能指标	性能等级	技术要求
填充性	坍落扩展度(mm)	SF1	550~655
		SF2	660~755
		SF3	760~850
	扩展时间 T_{500}(s)	VS1	≥2
		VS2	<2
间隙通过性	坍落扩展度与 J 环扩展度差值(mm)	PA1	25<PA1≤50
		PA2	0<PA2≤25
抗离析性	离析率(%)	SR1	≤20
		SR2	≤15
	粗骨料振动离析率(%)	f_m	≤10

注:当抗离析性试验结果有争议时,以离析率筛析法试验结果为准。

5.0.17 大体积混凝土应符合下列规定:

1 生产供应大体积混凝土前,应对所用原材料的质量和数量进行核实,保证生产所需的原材料储备。

2 生产供应大体积混凝土时,必须使用同一品种、同一规格的原材料,并执行相同的混凝土配合比。

5.0.18 再生骨料混凝土应符合下列规定:

1 严酷环境(氯化物、化学腐蚀等)下使用的混凝土、预应力混凝土和有防水要求的地下结构混凝土不得使用再生骨料混凝土,Ⅲ类再生骨料混凝土不得用于有抗冻要求的混凝土。

2 Ⅰ类、Ⅱ类再生粗骨料可用于配制 C35 及以下强度等级的混凝土,Ⅲ类再生粗骨料可用于配制 C25 及以下强度等级的混凝土,配制其他强度等级的再生骨料混凝土时应经试验验证和专家论证。

    3 再生粗骨料取代率不应大于 30%。

6 生产过程控制

6.1 生产设施

6.1.1 预拌混凝土的搅拌宜采用强制式搅拌机。

6.1.2 企业应对主要生产设备进行定期保养和维修,保持设备完好。

6.1.3 计量设备应定期检定,每年不少于 1 次由法定计量部门进行检定或计量校准。

6.1.4 企业内部静态计量校验每月应不少于 1 次,当发生下列情况时也应进行静态计量校验:

    1 停产 1 个月以上,需要恢复生产前。

    2 发生异常情况时。

6.1.5 静态计量校验的加荷总值应与该计量料斗实际生产时需要的计量值相当。静态计量校验加荷时应分级进行,分级数量不得少于 5 级。

6.2 配合比选用与调整

6.2.1 生产时应根据合同要求选择混凝土配合比。

6.2.2 选用混凝土配合比时应考虑混凝土品种、工程部位、运输距离、气候情况等选择适宜的混凝土配合比。

6.2.3 签发混凝土配合比前应测定砂、石含水率,生产中应根据砂、石含水率扣除相应的用水量。

6.2.4 混凝土配合比通知单应注明生产日期、工程名称、工程部位、混凝土品种(强度等级、坍落度或者扩展度、耐久性指标等)、混凝土配合比编号、原材料名称及品种规格、砂石含水率以及每盘(或每立方)混凝土所用各种原材料的实际用量等。

6.2.5 搅拌楼操作人员应随时观察搅拌设备的工作状况和混凝土和易性,发现异常时应暂停生产,混凝土和易性应满足配合比要求,严禁任意更改配合比。

6.2.6 生产时配合比应根据配合比汇编技术说明进行调整,调整后的配合比应由专人进行复核,确保拌合物性能满足设计和施工要求,并留存调整记录。

6.2.7 拌制混凝土期间,当砂、石含水率有显著变化时,应增加检测次数,依据检测结果及时调整用水量和砂、石用量。

6.3 计量与搅拌

6.3.1 各种原材料均应按重量分别计量,水和液体外加剂可按体积计。

6.3.2 生产时原材料的计量值应在计量装置额定量程的 20％～80％之间。

6.3.3 每一工作班正式称量前,应对计量设备进行零点校验。

6.3.4 原材料的计量允许偏差应符合表 6.3.4 的规定。

表 6.3.4 原材料计量允许偏差

原材料品种	水泥	骨料	水	外加剂	掺合料
每盘计量允许偏差(％)	±2	±3	±1	±1	±2
累计计量允许偏差(％)	±1	±2	±1	±1	±1

注:1. 累计计量允许偏差,是指每一运输车中各盘混凝土的每种原材料计量和的偏差,该项指标仅适用于采用微机控制的搅拌系统;
　　2. 当采用混合骨料时,必须在混合前分别计量原材料,并符合本表规定。

6.3.5 计量设定值应按照要求设定,并应由专人复核。

6.3.6 混凝土搅拌的最短时间应符合设备说明书的规定,并且每盘搅拌时间(从全部材料投完算起)不得低于 30 s。

6.3.7 制备高强混凝土、自密实混凝土或采用引气剂、膨胀剂、防水剂、纤维、聚合物等时应相应增加搅拌时间,不宜少于 60 s。

6.3.8 生产过程的计量记录应至少保存 3 个月。

6.3.9 每一工作班不应少于 1 次进行搅拌抽检,抽检项目主要有拌合物稠度、搅拌时间及原材料计量偏差。

6.4 运 输

6.4.1 预拌混凝土应使用搅拌运输车运送。装料前,装料口应保持整洁,筒体内不得有积水、积浆。

6.4.2 在装料及运输过程中,应保持搅拌运输车筒体旋转,使预拌混凝土运送至浇筑地点后,不离析、不分层,组成成分不发生变化,并能保证施工所必需的工作性。

6.4.3 运送预拌混凝土的容器和管道,应不吸水、不漏浆,并应保证卸料及输送通畅。混凝土出厂后严禁加水。

6.4.4 预拌混凝土从搅拌机卸出后到浇筑完毕的延续时间宜符合表 6.4.4 的规定。

表 6.4.4 预拌混凝土从搅拌机卸出到浇筑完毕的延续时间

气温	延续时间(min)	
	≤C30	>C30
≤25℃	120	90
>25℃	90	60

注:掺加外加剂或采用快硬水泥时延续时间应通过试验确定。

6.4.5 预拌混凝土运送至浇筑地点,卸料前应中、高速旋转搅拌筒,使混凝土拌合均匀。如混凝土拌合物出现离析或分层现象,应对混凝土拌合物进行二次搅拌。

6.4.6 预拌混凝土的运输应保证施工现场泵送、浇筑的连续进行,但不得大量压车。

6.4.7 预拌混凝土运送至指定卸料地点时,应检测其工作性。所测拌合物稠度应符合设计和施工要求,其允许偏差值应符合表 6.4.7 的规定。

表 6.4.7 预拌混凝土拌合物稠度允许偏差

项目	设计要求(mm)	允许偏差(mm)
坍落度	≤40	±10
	50～90	±20
	≥100	±30
扩展度	≥350	±30

6.4.8 当混凝土拌合物运送至浇筑地点时的温度超过 35℃或低于 5℃时,应采取相应措施。

7 预拌混凝土质量检验

7.1 一般规定

7.1.1 预拌混凝土质量检验分为出厂检验和交货检验。出厂检验的取样试验工作应由供方承担,交货检验的取样试验工作应由需方承担。

7.1.2 用于出厂检验和交货检验的预拌混凝土,其取样方法、试件的制作和养护方法应符合现行国家标准《普通混凝土拌合物性能试验方法标准》GB/T 50080 的规定。

7.1.3 出厂检验的试验结果应在完成试验后 7 d 内通知需方。当发现质量问题时,供方应在 24 h 内以书面方式通知需方和有关部门。

7.1.4 当需方发现质量问题时,应在 24 h 内通知供方和有关部门。

7.1.5 预拌混凝土的抗压强度应以 28 d 龄期为验收依据,经设计同意,可采用 60 d 或其他龄期作为验收依据。

7.2 出厂检验

7.2.1 混凝土搅拌完毕后,在搅拌地点应按要求检验混凝土拌合物的各项性能,其检验方法应符合现行国家标准《普通混凝土拌合物性能试验方法标准》GB/T 50080 的规定。

7.2.2 应目测每车混凝土拌合物的质量,预拌混凝土坍落度和强度检验试样每 200 m³ 或每 100 盘相同配合比的预拌混凝土,取样不得少于1次。

7.2.3 应检验混凝土拌合物水溶性氯离子含量,同一工程、同一配合比等级的预拌混凝土取样检测不少于1次,其检验方法应符合现行行业标准《混凝土中氯离子含量检测技术规程》JGJ/T 322、《水运工程混凝土试验检测技术规范》JTS/T 236 和《水工混凝土试验规程》SL 352 的规定。

7.2.4 对有抗渗要求的混凝土进行抗渗检验的试样,出厂检验的取样频率应为同一工程、同一配合比的预拌混凝土不得少于1次,留置组数可根据实际需要确定。

7.2.5 对有含气量或抗氯离子渗透、抗冻等其他耐久性要求的预拌混凝土,其出厂检验应分别按照现行国家标准《普通混凝土拌合物性能试验方法标准》GB/T 50080 和《普通混凝土长期性能和耐久性能试验方法标准》GB/T 50082 的要求进行。

7.3 交货检验

7.3.1 需方应在预拌混凝土浇筑现场设置标准养护室。标准养护室应符合现行国家标准《普通混凝土力学性能试验方法标准》GB/T 50081 的规定。

7.3.2 用于交货检验的混凝土试样应通过见证取样方式,由需方在交货地点取样、制作和养护。需方也可委托具有资质的第三方机构进行交货检验,供方不得代替需方制作和养护混凝土试件。

7.3.3 交货检验混凝土试样的采集及坍落度试验应在混凝土运到交货地点后 20 min 内完成,试样的制作应在 40 min 内完成。

7.3.4 每批交货检验的试样应随机从同一运输车中抽取,混凝土试样应在卸料量的 1/4~3/4 处取样。

7.3.5 每个试样量应满足预拌混凝土质量检验项目所需用量的 1.5 倍,且不宜少于 0.02 m³。

7.3.6 混凝土坍落度和强度检验取样频次应按下列规定进行:

1 每 100 盘,但不超过 100 m^3 的同配合比预拌混凝土,取样次数不应少于 1 次。

2 每一工作班拌制的同配合比预拌混凝土,不足 100 盘和 100 m^3 时,其取样次数不应少于 1 次。

3 当一次连续浇筑的同配合比预拌混凝土超过 1 000 m^3 时,每 200 m^3 取样不应少于 1 次。

4 对房屋建筑,每一楼层、同一配合比的预拌混凝土,取样不应少于 1 次。

5 每次取样应至少留置 1 组标准养护试件,同条件养护试件的留置组数应根据实际需要确定。

7.3.7 对有抗渗要求的预拌混凝土进行抗渗检验的试样,交货检验的取样频率应为同一工程、同一配合比的预拌混凝土不得少于 1 次,留置组数可根据实际需要确定。

7.3.8 当设计有其他耐久性要求时,其取样检验应按照现行国家标准《普通混凝土长期性能和耐久性能试验方法标准》GB/T 50082 执行。

7.4 合格判定

7.4.1 当判定预拌混凝土的质量是否符合要求时,强度、拌合物稠度及含气量应以交货检验结果为依据;氯离子含量应以供方提供的资料为依据;其他检验项目应按合同规定执行。

7.4.2 预拌混凝土质量的合格判定应符合下列规定:

1 强度的检验评定应符合现行国家标准《混凝土强度检验评定标准》GB/T 50107 等的规定。

2 拌合物稠度的试验结果应满足本标准表 6.4.7 的规定。

3 拌合物水溶性氯离子含量的试验结果应满足本标准表 5.0.15 的规定。

4 其他特殊要求项目的试验结果应符合合同规定。

7.5 预拌混凝土质保资料

7.5.1 供方应向需方提供预拌混凝土配合比报告,配合比报告中应包含所有组分。

7.5.2 供方首次向需方供应预拌混凝土时,应提供使用说明书。

7.5.3 交货时,供方应随每一运输车向需方提供所运预拌混凝土的发货单。发货单内容应包括:发货单编号、工程名称、需方、供方、浇筑部位、预拌混凝土标记、供货日期、运输车号、供货数量、发车时间、到达时间及供需双方确认手续等。

7.5.4 供方应按批向需方提供预拌混凝土出厂质量证明书,预拌混凝土出厂质量证明书可按本标准附录 A 进行设计。出厂质量证明书内容应至少包括以下内容:

1 出厂质量证明书编号。

2 合同编号。

3 工程名称。

4 供方。

5 需方。

6 供货日期。

7 浇筑部位。

8 供货量。

9 原材料的品种、规格及复验报告编号。

10 预拌混凝土配合比编号。

11 预拌混凝土标记。

12 预拌混凝土水溶性氯离子含量检验结果。

13 预拌混凝土质量评定。

14 标记内容以外的技术要求。

附录 A 预拌混凝土出厂质量证明书

编号：

生产企业					备案证号码				
购货单位					合同编号				
工程名称及部位									
供应数量（m³）				供应日期					
强度等级或品种				坍落度（mm）					
配合比编号				水溶性氯离子含量		检测值（%）			
						复试报告编号			

原材料	名称	水泥	水	细骨料	粗骨料	粉煤灰	矿粉	外加剂	掺合料	
	品种、规格									
	复试报告编号									

混凝土质量	试件编号	抗压强度（MPa）		试件编号	抗压强度（MPa）		试件编号	抗渗	
		报告编号	强度值		报告编号	强度值		报告编号	结论
								抗折强度（MPa）	
							试件编号	报告编号	强度值

备注	

— 24 —

本标准用词说明

1 为便于在执行本标准条文时区别对待,对要求严格程度不同的用词说明如下:

1) 表示很严格,非这样做不可的用词:

正面词采用"必须";

反面词采用"严禁"。

2) 表示严格,在正常情况下均应这样做的用词:

正面词采用"应";

反面词采用"不应"或"不得"。

3) 表示允许稍有选择,在条件许可时首先应这样做的用词:

正面词采用"宜";

反面词采用"不宜"。

4) 表示有选择,在一定条件下可以这样做的用词,采用"可"。

2 条文中指定应按照其他有关标准执行的写法为"应符合……规定"或"应按照……执行"。

引用标准名录

1　《通用硅酸盐水泥》GB 175

2　《用于水泥和混凝土中的粉煤灰》GB/T 1596

3　《混凝土外加剂》GB 8076

4　《建设用砂》GB/T 14684

5　《用于水泥、砂浆和混凝土中的粒化高炉矿渣粉》
　　GB/T 18046

6　《普通混凝土拌合物性能试验方法标准》GB/T 50080

7　《普通混凝土力学性能试验方法标准》GB/T 50081

8　《普通混凝土长期性能和耐久性能试验方法标准》
　　GB/T 50082

9　《混凝土强度检验评定标准》GB/T 50107

10　《混凝土外加剂应用技术规范》GB 50119

11　《混凝土结构工程施工质量验收规范》GB 50204

12　《混凝土结构耐久性设计标准》GB/T 50476

13　《普通混凝土用砂、石质量及检验方法标准》JGJ 52

14　《普通混凝土配合比设计规程》JGJ 55

15　《混凝土用水标准》JGJ 63

16　《海砂混凝土应用技术规范》JGJ 206

17　《高强混凝土应用技术规程》JGJ/T 281

18　《自密实混凝土应用技术规程》JGJ/T 283

19　《混凝土中氯离子含量检测技术规程》JGJ/T 322

20　《预拌混凝土绿色生产及管理技术规程》JGJ/T 328

21　《水运工程混凝土试验检测技术规范》JTS/T 236

22　《水工混凝土试验规程》SL 352

23 《再生骨料混凝土技术要求》DB31/T 1128

24 《混凝土生产回收水应用技术规程》DG/TJ 08—2181

25 《高性能混凝土应用技术标准》DG/TJ 08—2276

上海市工程建设规范

预拌混凝土生产技术标准

DG/TJ 08—227—2020
J 11462—2021

条文说明

2021　上海

目　次

Contents

1 总　则

1.0.1　本市预拌混凝土企业的数量保持在 150 家左右,预拌混凝土年用量约为 5 000 万 m³。预拌混凝土具有生产节奏快、混凝土强度等重要质量指标在出厂前无法准确测得等特点,使其比其他任何产品更具质量风险。

　　近年来,由于建设用天然河砂资源紧缺,供需矛盾日益紧张,导致大量来源广泛、成本低廉的海砂涌入预拌混凝土、预拌砂浆等生产企业。虽然,欧美地区、日韩以及我国的台湾地区均已将海砂应用于工程建设,并积累了一定的应用经验,但海砂中氯盐和贝壳含量较高,远远超过建设用砂中的氯离子含量要求,如果未经处理或者处理不当,用于建设工程时,会对混凝土结构耐久性带来非常严重的影响,甚至导致建筑结构破坏、失效乃至整个建筑物倒塌。另外,随着砂石资源紧缺,再生骨料在预拌混凝土中的使用也越来越多,但再生骨料与天然骨料在性能上存在一定的差异,对混凝土的拌合物性能和力学性能都将会产生影响。

　　结合本市预拌混凝土生产现状,为了更好地指导和促进本市预拌混凝土的生产与应用推广,特制定本标准。

1.0.2　本条规定了标准的适用范围。

1.0.3　混凝土的生产和施工技术近几年发展十分迅速,牵涉面广、综合性强、涉及标准规范较多。因此凡本标准有规定者,应遵照执行;本标准无规定者,尚应按照国家、行业和本市现行有关标准的规定执行。

3 基本规定

3.0.1 企业是产品生产的主体,按照《中华人民共和国产品质量法》等有关法律规定,企业生产的产品应符合有关标准、设计文件和合同要求,企业应对生产产品的质量负责。

3.0.2 企业的生产技术管理和质量控制,涉及原材料、混凝土配合比、生产工艺、生产设备、检验试验方法及施工等方面,应符合本标准和有关标准的规定。

3.0.3 本条规定了本市对环保型预拌混凝土生产企业的基本要求。

3.0.4 本条规定预拌混凝土应采用绿色的生产方式。绿色的生产方式是当今生产技术的基本要求,不仅可以提高生产质量控制水平及产品质量,而且可节约资源和保护环境。

4 原材料控制

4.1 一般规定

4.1.1 本条对原材料的质量和质量检测提出了要求。原材料质量直接影响产品质量,因此,原材料使用前应进行质量检测,经检测合格后方可使用。

4.1.2 原材料管理台账是原材料进货和使用情况的具体描述,有助于企业对原材料质量的管理和产品生产成本进行控制。本条要求企业应建立原材料管理台账。

4.1.3 企业使用的原材料应具有质量证明书。原材料型式检验报告能够全面反映原材料的各项性能,有助于企业掌握首次使用的原材料性能。

4.1.4 特细砂拌制的混凝土收缩大,易开裂,故规定严禁使用特细砂。海砂因含有较高的氯离子、贝壳等物质,直接用于配制混凝土会严重影响结构的耐久性,造成严重的工程质量问题甚至酿成事故。海砂用于配制混凝土时,应特别考虑影响建设工程安全性和耐久性的因素,确保工程质量,确保海砂应用的安全性。鉴于我国目前质量管理的现实情况,本条规定严禁使用未经淡化处理的海砂。

4.2 水 泥

4.2.1 本标准符合现行国家标准《通用硅酸盐水泥》GB 175 的规定;采用其他品种水泥时,其质量也应符合相应标准的规定。

4.2.2 为保证混凝土质量符合要求,应根据混凝土工程特点、所处环境以及设计、施工的有关要求,根据不同品种水泥的性质,选用适当品种的水泥。配制混凝土时,除应选用适当品种的水泥外,还应根据配制的混凝土的强度等级,选用适当强度等级的水泥,在既满足混凝土强度要求,又满足耐久性所规定的最大水胶比、最小胶凝材料用量要求的前提下,减少水泥用量,达到技术可行经济合理。

4.2.3 为控制混凝土生产所用水泥的质量,规定了应按不同生产企业、不同品种和强度等级按批分别存储在专用的仓罐或水泥库内,防止受潮和环境污染,并作好标识,以防止使用过程的误用。

4.2.4 本条规定了水泥的验收批次。

4.2.5 水泥强度、安定性、标准稠度用水量和凝结时间等是水泥的重要性能指标,进场时应作复验。

4.3 细骨料

4.3.1 本条款按照现行国家标准《建设用砂》GB/T 14684 和现行行业标准《普通混凝土用砂、石质量及检验方法标准》JGJ 52,规定了普通混凝土用细骨料的基本要求。

4.3.2 本标准按照现行国家标准《混凝土质量控制标准》GB 50164和现行行业标准《普通混凝土配合比设计规程》JGJ 55 的规定,用于泵送的细骨料优先选用中砂,当采用混合砂时,混合砂质量也应符合中砂要求。

与建设工程传统的河砂资源相比,海砂中的氯盐和贝壳含量是限制其在混凝土中使用的主要原因。但在建设工程中使用海砂,并不必然导致混凝土质量及钢筋腐蚀问题。海砂采用专用设备进行淡水淘洗后,其氯离子含量可降低至原来的 1/8 以下,一般约为 0.015%(表 1),经净化的淡化海砂用于建设工程混凝土时,其性能与普通混凝土接近。鉴于我国目前质量管理的现实状况,本标准规定用于配制混凝土的海砂应作净化处理,且应符合现行行业标准《海砂混凝土应用技术规范》JGJ 206 的规定。

表 1 净化前后海砂性能指标

砂品种	编号	细度模数	含泥量（%）	氯离子含量（%）	表观密度（kg/m³）	堆积密度（kg/m³）	紧密密度（kg/m³）	吸水率（%）
净化前海砂	1-1	1.8	2.5	0.113	2 632	1 260	1 420	2.4
	1-2	1.7	2.0	0.122	2 632	1 210	1 360	2.4
	1-3	3.0	0.5	0.078	2 586	1 470	1 620	1.9
	1-4	2.6	1.4	0.170	2 586	1 380	1 530	2.4
净化后海砂	2-1	2.5	0.6	0.016	2 586	1 440	1 570	2.5
	2-2	2.6	0.6	0.019	2 542	1 440	1 570	1.8
	2-3	2.8	0.4	0.014	2 609	1 420	1 550	2.0
	2-4	2.3	0.6	0.010	2 564	1 410	1 530	2.0
	2-5	2.3	1.5	0.016	2 564	1 360	1 490	2.0

4.3.3 本条规定了预拌混凝土用细骨料的氯离子含量要求及其检验方法。

上海市最新出台的《关于印发〈关于加强本市建设用砂管理的暂行意见〉的通知》（沪建建材联〔2020〕81 号）中规定:本市建设用砂氯离子含量应不大于 0.02%。预应力混凝土、钢纤维混凝土、装配整体式混凝土结构、设计使用年限 100 年或以上的混凝土结构和其他有特殊要求的钢筋混凝土结构建设用砂的氯离子含量应不大于 0.01%。本条参考上述规定,为进一步加强混凝土用砂的质量控制,对砂中氯离子含量要求更加严格。

4.3.4 本条规定了细骨料的检验批次。细骨料的检验批次应以 1 000 t 为一验收批,不足 1 000 t,应按一验收批进行验收。考虑到本市预拌混凝土企业骨料以船舶运输为主,质量相对稳定,故规定当细骨料的质量比较稳定、进料量较大时,同厂家（产地）、同品种、同规格的可每周检验不少于 2 次。若进料过程中发现异常状况,应增加取样检测频次。

4.3.5 本条按照现行行业标准《普通混凝土用砂、石质量及检验方法标准》JGJ 52 规定了普通混凝土用细骨料的质量检验要求。为加强对砂的来源管理,预拌混凝土等生产企业应加强淡化海砂源头管理意识,采购建设用砂时应当查验细骨料中氯离子含量,尽可能从市场终端规避问题海砂流入上海地区,因此规定对所有的细骨料均应进行氯离子含量检验。

4.3.6 细骨料细度模数及细骨料粒径、级配的差异,显著影响混凝土拌合物的和易性,为保证混凝土拌合物的质量,应按品种、规格分别堆放,不得混堆。并在装卸及堆存时采取减小堆料高度等措施,使骨料颗粒级配均匀。

4.4 粗骨料

4.4.1~4.4.2 本条按照现行行业标准《普通混凝土用砂、石质量及检验方法标准》JGJ 52 和现行上海市地方标准《再生骨料混凝土技术要求》DB31/T 1128,规定了普通混凝土用粗骨料的基本要求。

4.4.3 本条规定了粗骨料的检验批次。考虑到本市预拌混凝土企业骨料以船舶运输为主,质量相对稳定,故规定当粗骨料的质量比较稳定、进料量又较大时,同厂家(产地)、同品种、同规格的可每周检验不少于 2 次。若进料过程中发现异常状况,应增加取样检测频次。

4.4.4 本条按照现行行业标准《普通混凝土用砂、石质量及检验方法标准》JGJ 52 和现行上海市地方标准《再生骨料混凝土技术要求》DB31/T 1128 规定了普通混凝土用粗骨料的质量检验要求。

4.4.5 粗骨料细度模数及粗骨料粒径、级配的差异,显著影响混凝土拌合物的和易性,为保证混凝土拌合物的质量,应按品种、规格分别堆放,不得混堆。并在装卸及堆存时采取减小堆料高度等措施,使骨料颗粒级配均匀。

4.5 水

4.5.1 实践证明,符合标准的生活饮用水对混凝土及混凝土中的钢筋无害,故规定符合国家标准的生活饮用水可以拌制各种混凝土。

4.5.2 生产回收水的不溶物、碱含量可能超标,经适当工艺处置后,当其水质符合现行上海市工程建设规范《混凝土生产回收水应用技术规程》DG/TJ 08—2181 的规定时,可用于预拌混凝土的生产。若生产回收水与其他水混合后的水质符合现行行业标准《混凝土用水标准》JGJ 63 的规定时,也可用于预拌混凝土的生产。

4.5.3 本条规定了检验水样的取样、检验期限、频率和技术指标。为保障生产回收水的质量安全,每天应检验其湿泥粉含量。混合水的取样检验是按其生产回收水与天然水的混合比例进行。

4.6 外加剂

4.6.1 外加剂种类较多,使用时其质量应符合现行国家标准《混凝土外加剂》GB 8076 的规定。

4.6.2 本条规定了有特殊要求的混凝土用外加剂的质量标准。对于高强混凝土来说,采用高效外加剂可以降低混凝土的单位用水量,有利于高强混凝土的耐久性和裂缝的控制。对于自密实混凝土来说,采用高效减水剂可以使混凝土在较低的水胶比下获得适宜的黏度、良好的流动性、良好的粘聚性和保塑性,实现自密实所需的工作性。对于大体积混凝土来说,选用缓凝型减水剂可在保证质量的前提下降低水泥用量,满足混凝土的和易性、减缓水泥早期水化热量。

4.6.3 本条规定了外加剂的验收批次,当同一批外加剂超过 10 t 时,应按每验收批不超过 10 t 进行分批验收。

4.6.4 根据使用过程中与混凝土密切相关的性能指标,外加剂每验收批至少应进行密度(或细度)、pH 值、固体含量和水泥砂浆减水率(或水泥净浆流动度)检验,必要时还应检验其他质量指标。

4.6.5 外加剂出厂超过 3 个月,液体外加剂的密度、固体外加剂的含固量或其他性能指标可能会发生变化,影响外加剂的性能,故对过期的外加剂应重新采集试样进行复验,并按复验结果使用。

4.6.6 外加剂品种繁多,性能各异,对混凝土组成材料的适应性也有不同,为保证外加剂的性能质量,规定了在运输及存储时应分类存放,防止混杂及混入异物,不得污染,作好储运管理。并作好标识,以防止使用过程的误用。

4.7 掺合料

4.7.1 本标准符合现行国家标准《用于水泥和混凝土中的粉煤灰》GB/T 1596 和《用于水泥、砂浆和混凝土中的粒化高炉矿渣粉》GB/T 18046 的规定。

为确保混凝土质量,采用新开发、新品种的掺合料应符合有关国家标准或行业标准。对可能影响混凝土性能的指标应通过试验验证,确认符合混凝土质量要求时,方可使用。

4.7.2~4.7.3 本条规定了掺合料的验收批次、检验技术指标和检验频率。

4.7.4 掺合料与水泥容易混淆,常因管理不善,导致在运输与存储时二者混淆误用,造成混凝土质量事故。因此,对水泥与掺合料的运输罐车与储仓应严格区分,设置标识,严防混淆误用,以免影响混凝土质量,造成质量事故。

5 配合比设计

5.0.1 混凝土组成材料的变化使混凝土性能产生波动,故规定不仅要根据组成材料有关参数计算初步配合比,还应通过试配、调整,确定实际生产用的配合比。设计时所用的混凝土配合比强度,应考虑实际生产条件,利用近期试验数据,按现行国家标准《混凝土强度检验评定标准》GB/T 50107、《混凝土结构工程施工质量验收规范》GB 50204、《混凝土结构耐久性设计标准》GB/T 50476 和现行行业标准《普通混凝土配合比设计规程》JGJ 55 的规定,确定配制强度应使实际生产的混凝土符合设计等级要求,符合合格评定的规定,并符合经济合理的原则。

5.0.2 研究表明胶凝材料用量、水胶比等对混凝土耐久性均有影响,本条规定了不同用途混凝土的配合比设计时选用参数的限值。

5.0.3 不同环境类别下预拌混凝土的矿物掺合料掺量范围综合了现行国家标准《大体积混凝土施工规范》GB 50496、现行行业标准《海港工程混凝土结构防腐蚀技术规范》JGJ 275、现行行业标准《铁路混凝土结构耐久性设计规范》TB 10005、现行福建省地方标准《福建省耐腐蚀混凝土应用技术规程》DBJ/T 13—253、现行国家标准《粉煤灰混凝土应用技术规范》GB/T 50146、现行上海市工程建设规范《粒化高炉矿渣粉在水泥混凝土中应用技术规程》DG/TJ 08—501、《高性能应用技术指南》等标准或技术文件,并结合现有文献中掺合料掺量对混凝土性能影响的研究结论确定。本标准表 5.0.3 还充分考虑了上海地区推广超细矿粉的实际情况,并针对海港工程、轨道交通及隧道工程、超高层建筑工程及大体积工程四类特殊工程的预拌混凝土对掺合料掺量要求进行了调整。

5.0.4~5.0.8 本条规定了高性能混凝土、高强混凝土、自密实混凝土、大体积混凝土和再生骨料混凝土的配合比设计要求。

5.0.9~5.0.10 本条规定了配合比设计时不仅要考虑原材料性能，还应考虑到混凝土的技术要求、施工工艺及气候条件，通过计算、试配确定混凝土配合比。配合比设计时应根据所用原材料的性能及对混凝土的技术要求进行计算，确定各种原材料用量。

5.0.11 应根据混凝土配合比计算的结果进行试配，并确定混凝土生产配合比。当对混凝土有其他技术性能要求时，应在计算和试配过程中予以考虑，并进行相应项目的试验。

5.0.12 本条规定了需要对混凝土配合比设计时提高配制强度的四种情况。

5.0.13 本条规定了需要对混凝土配合比进行重新设计的情况。

5.0.14 企业实际工作中应重视对配合比的验证。由于生产过程中使用的原材料可能在配合比设计时发生变化，因此，本条规定当原材料发生变化或1年以上未使用时，企业应及时进行配合比验证，以保证混凝土的质量。

5.0.15 按环境条件影响氯离子引起钢筋锈蚀的程度简明地分为四类，并规定各类环境条件下的混凝土中氯离子最大含量。本条规定与现行国家标准《混凝土质量控制标准》GB 50164 和《混凝土结构设计规范》GB 50010 是协调的，也与欧美国家控制氯离子的趋势一致。本标准表 5.0.15 中的氯离子含量系相对混凝土中水泥用量的百分比。

5.0.16 本条按照现行行业标准《自密实混凝土应用技术规程》JGJ/T 283 规定了自密实混凝土的自密实性能要求。

5.0.17 大体积混凝土的浇筑不可中断决定了混凝土的生产供应也不得中断，这就要求生产企业必须落实原材料的供货渠道，先对原材料进行复检，生产前应保证有足够的检验合格的原材料储备，以保证混凝土的质量。

生产供应大体积混凝土时，无论是单个生产企业供应，还是由几家生产企业联合供应，都必须使用同一品种、同一规格的原材料，并执行相同的混凝土配合比。

5.0.18 本条按照《上海市建筑废弃混凝土资源化利用建材产品应用技术指南》对再生骨料混凝土进行了规定。

1 再生骨料往往会增大混凝土的收缩，由此可增大预应力损失，因此，本标准从严规定不得用于预应力混凝土。由于吸水率指标相对较高，Ⅲ类再生骨料不宜用于有抗冻要求的混凝土。

2 为充分保证结构安全，达到Ⅰ类和Ⅱ类产品指标限值要求的再生粗骨料，可用于配制 C35 及以下强度等级的混凝土。Ⅲ类再生粗骨料由于品质相对较差，可能对结构混凝土或较高强度再生骨料混凝土性能带来不利影响，因此，限制其仅可用于 C25 及以下强度等级的混凝土。

3 再生粗骨料的品质和取代率对再生混凝土的力学性能影响很大。大量试验研究表明，再生混凝土的力学性能随着粗骨料取代的增加而降低。为保证再生混凝土强度，本条按照《上海市建筑废弃混凝土资源化利用建材产品应用技术指南》对再生混凝土粗骨料取代率进行了规定。

6 生产过程控制

6.1 生产设施

6.1.1 本条对混凝土的搅拌方式进行了规定。

6.1.2 混凝土生产设备是确保正常生产混凝土的前提,现行国家标准《建筑施工机械与设备混凝土搅拌站(楼)》GB/T 10171 明确规定了混凝土生产设备的各项技术指标,企业选用的生产设备应满足相应标准的要求。设备的正常运转直接影响到混凝土生产和施工的质量、进度。企业应做好设备的维修保养工作,确保设备的正常工作。

6.1.3 计量设备的计量检定或校准是确保混凝土原材料的计量准确性的有效手段。本条对计量设备的计量检定或校准提出了要求。

6.1.4 通常情况下,计量设备的计量检定或校准周期为 1 年,但由于预拌混凝土存在连续生产的特殊性,其产量大、生产周期短,设备使用频率较高。

6.1.5 为了保证计量设备的计量可靠性和计量准确性,本条对混凝土生产设备在检定或校准期间内的静态计量校验提出了要求。

6.2 配合比选用与调整

6.2.1 本条规定了选用混凝土配合比的依据。

6.2.2 企业储备有足够的混凝土配合比,一般情况下,主要根据强度等级和坍落度指标选择相应的混凝土配合比。然而,由于工程部位、运输距离、气候情况、原材料的质量情况以及合同或标准要求有所不同,企业在选用配合比时应充分考虑,选择适宜的混凝土配合比。

6.2.3 混凝土配合比中砂、石材料的用量是以砂、石饱和面干为基准确定的。在实际生产中,砂、石具有一定的含水率,含水率的多少直接影响水胶比的变化,进而导致混凝土强度波动。本条规定在签发混凝土配合比前应测定砂、石含水率,生产中应该根据砂、石含水率扣除相应的用水量。

6.2.4 为避免生产过程中出现混凝土错发、误发等情况,本条规定在混凝土配合比通知单中应注明必要的信息。

6.2.5 混凝土是一种非匀质性材料,生产过程中混凝土和易性受原材料质量波动、搅拌设备因素等影响而在一定范围内变化,操作人员应逐盘观察混凝土和易性的情况。当出现异常时不得擅自处置,应停止生产。

6.2.6 生产中在配合比汇编技术说明规定范围内,根据原材料、含水率、工程要求的变化进行必要的调整,调整后的配合比应由有资质人员进行复核,并留存相应的调整记录。

6.2.7 砂、石的含水率受天气等因素影响较大,含水率变化会影响到混凝土水胶比,进而影响到混凝土的坍落度和强度。因此,在生产时应根据实际情况及时测定含水率,及时调整用水量。

6.3　计量与搅拌

6.3.1 一般情况下,搅拌站各种原材料是以重量法进行计量的,水和液体外加剂也可通过体积法进行计量。

6.3.2 为了保证计量精度,应选择合理量程的计量装置,本条规定了原材料的实际计量值必须大于计量装置全量程的20%,且小于全量程的80%。

6.3.3 由于称量系统的配料秤连续工作后可能存在零点漂移现

象,在每一工作班前对计量设备进行零点校核,这是开始计量前的必要步骤,目的是保证计量的准确性。

6.3.4 本条规定了生产计量时各种原材料的允许偏差范围。使用混合砂,应用搅拌计量设备对混合前的砂分别进行计量,并符合混凝土骨料计量允许偏差的要求。

6.3.5 混凝土配合比需要通过专人的设定来执行。近年来,本市曾发生过因配合比设定错误、缺少复核引发的工程质量事故,为了防止配合比设定错误,在设定后增加专人复核的程序,能有效减少错误发生的概率。

6.3.6 混凝土搅拌时间对混凝土质量影响较大,搅拌时间过短,混凝土拌合物的均匀程度较差,影响混凝土的质量。

6.3.7 当胶凝材料较多或使用引气剂、膨胀剂、防水剂、纤维和聚合物等时,为充分发挥其效应,要求相应增加搅拌时间。本条对混凝土搅拌时间提出了要求。

6.3.8 为了保证混凝土质量的追溯性,本条规定计量记录应至少保存 3 个月。

6.3.9 本条规定了搅拌抽检的频次和抽检内容。

6.4 运 输

6.4.1 预拌混凝土的坍落度一般大于 80 mm,翻斗车运输易造成混凝土分层离析,为了保证混凝土泵送顺利,故规定预拌混凝土应使用搅拌运输车运送。搅拌筒内积水、积浆不仅使混凝土强度降低,而且影响其工作性。为了确保混凝土的配合比符合设计要求,并保证混凝土的质量,本条规定筒体内不得有积水、积浆。

6.4.2 采用搅拌运输车运送混凝土拌合物并保持滚筒慢速转动,能有效防止混凝土在运输过程中发生分层离析现象,确保混凝土的质量。

6.4.3 混凝土出厂后加水,会改变混凝土的设计配合比,混凝土的质量无法保证。当运输距离较长或气温较高引起混凝土坍落度损失过大时,可在符合混凝土设计配合比的前提下,在技术部门的书面同意或指导下,采用二次添加外加剂等方式调整混凝土。调整后,须操作搅拌筒中、高速旋转 1 min～2 min 使混凝土搅拌均匀。

6.4.4 本条是对混凝土运输过程的基本要求。混凝土应以最短时间从搅拌地点运抵浇筑地点,时间过长,特别是在气温高的情况下,混凝土流动性变差,难于施工,造成混凝土质量缺陷。本条对不同的运输设备分别规定混凝土从搅拌机卸出后到浇筑完毕的延续时间。当采用搅拌车时,其延续时间可较其他运输设备长。

6.4.5 混凝土运送到浇筑地点后,应无离析和分层现象;如有,应对混凝土进行二次搅拌。

6.4.6 预拌混凝土的生产和使用一般是连续的,各工程受工程部位、作业面大小、输送泵数量和人员等因素的影响,对混凝土的需要量和需要速度是不同的,这就要求企业掌握该情况,并适应该要求。供应速度过快,造成施工现场车辆等候时间过长,会出现混凝土坍落度的大幅度损失、离析、泌水、空气泡消失等影响可泵性的现象,影响混凝土质量和生产;反之,会造成施工现场缺料,不能保证连续浇捣,影响浇捣质量。因此要合理安排生产和发车。

6.4.7 本条规定了混凝土运送至浇筑地点后的测试项目和质量要求。

6.4.8 混凝土拌合物在极端的温度下,将会影响其坍落度和操作性能。本条规定,当混凝土的温度超过 35℃ 或低于 5℃ 时,应采取诸如温度过高时用冰水搅拌混凝土、加冰块等降温措施;冬季温度过低时,应对堆场上的骨料采取一定的保温措施来控制混凝土的温度。

7 预拌混凝土质量检验

7.1 一般规定

7.1.1 本条按照现行国家标准《预拌混凝土》GB/T 14902 明确预拌混凝土检验的种类和主体。

7.1.2 混凝土属于流程性材料,检测样品的取样、制作、养护均对最终产品的合格判定产生影响,因此,本条规定取样及检验人员应具有专业资格。

7.1.3~7.1.4 预拌混凝土强度随着时间的增长而增长,发生质量问题后及早处理,能有效减少损失,因此规定发现质量问题时,应在 24 h 内以书面形式通知需方或供方及有关部门。

7.1.5 混凝土的抗压强度一般以 28 d 龄期作为验收依据,对于某些特殊的结构部位,考虑水化热等影响因素,也可采用不同的龄期作为验收依据。

7.2 出厂检验

7.2.1 本条按照现行国家标准《普通混凝土拌合物性能试验方法》GB/T 50080 规定了测试方法。

7.2.2 本条规定了预拌混凝土拌合物稠度、强度检测的频次。

7.2.3 本条对预拌混凝土拌合物中水溶性氯离子含量检验频次进行了规定。

7.2.4 本条规定了混凝土抗渗检测频次。

7.2.5 当合同对混凝土其他质量指标有要求时,应按有关标准进行检验。

7.3 交货检验

7.3.1 由于养护环境、养护温度对混凝土强度的增长至关重要，本市建设主管部门明确规定施工现场应设置标准养护室。因此本条款规定需方应设置符合现行国家标准《普通混凝土力学性能试验方法标准》GB/T 50081 要求的标准养护室。

7.3.2 预拌混凝土从搅拌地点至交货地点，经过一定时间、一定距离的运输后，混凝土性能有所变化，为了更真实地反映工程实体混凝土质量，用于交货检验的混凝土应由需方在交货地点取样，进行坍落度试验和试件制作。混凝土试样的取样、制作必须在见证员的见证下进行。从事混凝土取样、试件制作和试验的工作人员应经过岗位培训。混凝土试件应标识清晰，数量应符合有关标准要求，并按规定进行养护。施工现场不得留有未标识的空白试件。需方也可委托具有资质的第三方机构进行交货检验。供方不得代替需方制作和养护混凝土试件。

7.3.3 混凝土拌合物的性能随时间变化，为避免因取样时间影响混凝土拌合物的性能，规定坍落度试验应在 20 min 内完成，试样的制作应在 40 min 内完成。

7.3.4 为使取样具有代表性，往往采用多次取样。混凝土搅拌运输车在出料的开始和结束阶段，容易离析，不宜取样；在约 1/4、1/2 和 3/4 处分别取样，然后人工搅拌均匀后进行试验。

7.3.5 试样的取样量应大于试验所需量的 1.5 倍，且不宜小于 0.02 m³，以免影响取样的代表性。

7.3.6 本条按照现行国家标准《混凝土强度检验评定标准》GB/T 50107 规定了混凝土坍落度和强度检验取样与留置要求。应用统计方法对混凝土坍落度和强度进行检验评定时，取样频率是保证预期检验效率的重要因素，因此规定了抽取试样的频率。在制定取样频率时，考虑了混凝土生产单位的生产条件及工程性质的特点,取样频率既与搅拌机的搅拌盘(罐)数和混凝土总方量有关,也与工作班的划分有关。该规定对不同规模的混凝土生产单位和施工现场都有较好的实用性。

一盘指混凝土的搅拌机一次搅拌的混凝土。一个工作班指8 h。

当一次连续浇筑同配合比的混凝土超过 1 000 m³ 时,整批混凝土均按每 200 m³ 取样且不应少于 1 次。

7.3.7 本条规定了抗渗混凝土试件的取样与留置要求。

7.3.8 本条规定了其他耐久性指标的检验要求。

7.4 合格判定

7.4.1 出厂检验和交货检验混凝土的测试均应符合现行国家标准《普通混凝土拌合物性能试验方法》GB/T 50080 的有关规定。

7.4.2 按照现行国家标准《预拌混凝土》GB/T 14902 的规定提出预拌混凝土质量的合格判定的要求。

7.5 预拌混凝土质保资料

7.5.1 为便于需方验收混凝土,供方应提供实际生产混凝土配合比报告。

7.5.2 为确保混凝土的合理使用,供方首次向需方供应预拌混凝土时,应提供使用说明书。

7.5.3 发货单记录了混凝土供应情况,便于质量追溯和贸易结算。因此,供方应随车向需方提供混凝土发货单。

7.5.4 产品质量证明书是对产品质量的承诺和说明。本条规定了产品质量证明书的内容。